画给孩子的 安全故事 1

居家安全

晕倒羊一家◎著

U0305766

新世界出版社
NEW WORLD PRESS

图书在版编目（CIP）数据

画给孩子的安全故事. 1, 居家安全 / 晕倒羊一家著
. -- 北京 : 新世界出版社 , 2023.8
ISBN 978-7-5104-7716-4

Ⅰ . ①画… Ⅱ . ①晕… Ⅲ . ①安全教育－儿童读物
Ⅳ . ①X956-49

中国国家版本馆 CIP 数据核字 (2023) 第 124990 号

画给孩子的安全故事1：居家安全

作　　者：	晕倒羊一家
责任编辑：	丁　鼎
责任校对：	宣　慧　张杰楠
责任印制：	王宝根
出　　版：	新世界出版社
网　　址：	http://www.nwp.com.cn
社　　址：	北京西城区百万庄大街 24 号（100037）
发 行 部：	(010)6899 5968（电话）　(010)6899 0635（电话）
总 编 室：	(010)6899 5424（电话）　(010)6832 6679（传真）
版 权 部：	+8610 6899 6306（电话）　nwpcd@sina.com（电邮）
印　　刷：	天津光之彩印刷有限公司
经　　销：	新华书店
开　　本：	880mm×1230mm　1/32　尺寸：145mm×210mm
字　　数：	70 千字　　　　　　印张：2.75
版　　次：	2023 年 8 月第 1 版　　2023 年 8 月第 1 次印刷
书　　号：	ISBN 978-7-5104-7716-4
定　　价：	20.00 元

目 录

羊爸爸

性别：**男**

年龄：**33岁**

职业：**生物老师**

优点：**勇敢、有担当，在妈妈非理性的时候表现出智慧**

缺点：**马虎、粗心大意**

羊妈妈

性别：**女**

年龄：**31岁**

职业：**医生**

优点：**遇事果敢**

缺点：**当孩子发生危险时偶尔会失去理智**

菲格

性别：	男
年龄：	8岁
身份：	小学生
优点：	好学、好问、执着
缺点：	淘气、爱钻牛角尖

洛琪

性别：	女
年龄：	3岁
身份：	幼儿园学生
优点：	善良、可爱、好奇心强
缺点：	顽皮、不听劝告

刀子会伤人

如何防止被水果刀割伤?

小朋友年纪还小,有一些尖利的物品还无法使用,不要轻易去尝试,更不能当玩具玩。剪子、小刀等尖利物品使用不当时,会对人造成危害(划伤、割破等),所以小朋友需要使用水果刀时,可以请爸爸妈妈帮忙。

被刀割伤流血怎么办?

如果不小心被刀割伤了,应先用干净的纱布或者手绢按压伤口止血。如伤口在四肢,尽量将其置于高过心脏的位置。然后躺下,头枕在枕头上,按压伤口10分钟以上,再用无菌敷料和纱布包扎伤口。如伤得严重,包扎好伤口之后应立刻去医院。

小心被热水烫伤

然后用干净的纱布盖住伤口。

再用衣服包裹住孩子，以免着凉。

走！去医院！

幸好没用酱油，不然感染了就麻烦了！

手术中

如何防止被热水烫伤？

小朋友不要在厨房玩耍，打翻了热水、汤锅等会将自己烫伤。用饮水机接水时要先按冷水龙头，再按热水龙头。用开水壶倒水时，记得请爸爸妈妈帮忙。杯中有水的时候，拿杯子前应先确定杯子是否烫手，如果里面装的是热水，会使杯子太烫而易造成打翻，甚至烫伤自己。

被热水烫伤怎么办？

如被热水烫伤，首先应立刻用自来水冲洗10～20分钟降温，不可擦酱油。然后脱去伤口处的衣物，如有粘连，用剪刀将衣物剪开。可再用冷水持续浸泡，进一步散发热量。最后用无菌纱布或干净的毛巾覆盖伤口，保持伤口清洁，降低感染的概率。预处理完毕后，及时就医。

吃鱼当心刺扎人

如何防止吃鱼时被鱼刺卡喉咙？

吃鱼前，一定要把鱼刺挑干净，要细嚼慢咽，以免鱼刺卡在喉咙里。

吃鱼时被刺卡喉咙了怎么办？

如果被鱼刺卡住了喉咙，不吃主食不喝醋。因为这样容易将鱼刺推入气管或食道，若不幸刺破血管，将非常危险。可以先打开手电筒，观察嗓子及扁桃体周边，如发现鱼刺，并且能判断很容易取出，就用消毒后的镊子将鱼刺夹出。如不能发现鱼刺，或者判断不容易取出，就直接去医院。

牙签不能往嘴里含

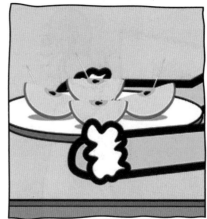

如何避免误吞牙签?

小朋友不能把牙签、硬币、小珠子、玩具、零件等含在嘴里,以免吞到肚子里发生危险。吃水果或吃羊肉串时,小朋友最好不用牙签,实在无法避免,父母要提醒孩子用完牙签后及时扔进垃圾桶。父母应把牙签放在孩子够不到的地方,防止孩子拿来玩。

吞食了牙签怎么办?

如果孩子吞食了牙签,可能会划伤食管、胃或肠道,出现腹痛或者呕吐、发烧等现象,应立即就医。

药品不能随便吃

如何防止孩子误食药品？

药品不能与食物放在一起。颜色鲜艳的糖衣片剂或药丸容易被孩子当成糖果，最好放置在专门的医药箱中。瓶装药品不要随便变换包装，变换包装后容易引起孩子的好奇心。灭蝇、灭蚊、灭蟑螂、灭鼠的药物，也都要妥善保管。

误食药品怎么办？

当误食药品后，首先应弄清误食的是什么药、剂量是多少。如刚刚吞入且情况不严重，应立即反复催吐，减少药物吸收，然后带上药和包装及时就医。如果误食毒副作用较强的有毒物品，应及时送往医院，切忌延误时间，可于途中进行催吐。

消毒液不能喝

如何防止孩子误食有害物？

家庭常用的消毒液、洁厕剂，要放在孩子不容易拿到的地方。此类物品具有腐蚀性，可致人体灼伤，具有致命性，释放出的活性氯有可能引起人体中毒。家中不要用饮料瓶存放有毒或有强烈腐蚀性的液体，避免孩子以为是饮料而误食。

误食消毒液怎么办？

误食消毒液等有害物，必须马上漱口，接着喝牛奶保护胃黏膜。不建议直接进行催吐，因为立即催吐后可能会损伤消化道黏膜。简单处理后，立刻送孩子去医院。要带上消毒液瓶子，方便医生诊治。

体温计不能咬

如何防止孩子碰到水银？

家长应尽量选择电子体温计或红外线体温计，尽量避免使用水银体温计。必须使用水银体温计时，家长应协助和提醒孩子注意安全，不能咬破，不要碰坏，用完后要放在孩子不易够到的地方，防止孩子拿去玩。

误食体温计中的水银怎么办？

误食体温计中的水银，应先漱口，喝一些牛奶，减少对胃黏膜的刺激。然后开窗通风，避免水银蒸气对人造成伤害，并及时就医。若出现恶心、呕吐、腹痛、腹泻等症状，甚至出现中毒反应，如昏迷、休克等现象，应立即到医院治疗。

手被强力胶粘住怎么办

如何防止小朋友被强力胶粘手？

小朋友做手工时应选用专门的手工胶水或固体胶、双面胶等。强力胶遇空气中的水汽会迅速凝固，黏合力非常强。当必须使用强力胶时，小朋友切记不能独自使用，否则容易溅入眼睛、鼻腔，造成伤害，可以请大人帮忙并戴好防护手套。

被强力胶粘住手指怎么办？

当手指被强力胶粘住时，千万不能硬撕、硬掰，更不能用刀割，否则会造成更严重的伤害。可以通过以下几种方法处理：

（1）将手指放入温水浸泡，再用沐浴露清洗；

（2）将手指放进倒好白醋的碗里泡半分钟，然后慢慢揉搓手指；

（3）把手指放进温热的肥皂水中浸泡，再慢慢搓开；

（4）将洗甲水倒在粘住部位，慢慢揉搓手指。

小心"文具杀手"

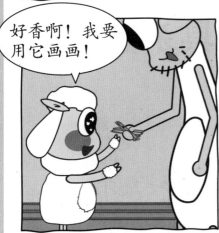

如何防范"文具杀手"?

小朋友在选购文具时,不要买虽好看又好玩,但质量低劣的文具。应尽量选择设计简洁、功能实用、颜色朴素、无香味或刺鼻气味并标注"环保、无毒"等标识的文具。养成看完书、写完作业洗手的习惯,改正咬笔或其他文具的坏习惯,避免文具中的有害物质对人体的危害。

常见"文具杀手"名单

(1)香味文具;

(2)荧光剂作业本;

(3)涂改液;

(4)劣质荧光笔、记号笔;

(5)刺鼻书皮。

不能用妈妈的护肤品

为什么小孩不能用大人的护肤品？

　　小孩子的皮肤与大人的皮肤是不一样的。大人的皮肤表层较厚，有较强的抗菌和承受刺激的能力。大人所使用的护肤品当中含有很多的化学成分，甚至有些成人使用的面霜激素含量或汞含量超标。而小孩皮肤的免疫系统还不完善，皮肤娇嫩。小朋友若使用大人的护肤品，轻则可导致皮肤过敏、毛发生长，重则会引起皮肤溃烂。

如何避免小朋友用伤害皮肤的护肤品？

　　大人应尽量为孩子准备正规的儿童专用的护肤品。选择护肤品时尽量避免选择味道浓郁、化学成分复杂或品质低劣的产品。应尽量选择小包装的产品且注意在保质期内使用。大人的护肤品应妥善保管，避免孩子接触。

儿童彩妆最好不买

儿童彩妆可能造成哪些危害？

儿童彩妆中含有很多化学成分，孩子使用后很可能损伤皮肤，引发过敏，局部出现潮红、瘙痒、丘疹、色素沉着等现象，严重的还会引起皮炎，导致皮肤脱屑，有烧灼感。

使用儿童彩妆出现过敏怎么办？

使用儿童彩妆如出现过敏，应立即停止使用化妆品，用清水彻底清洁面部的彩妆，然后进行抗过敏治疗。让孩子少吃零食，不要吃刺激性食物，多吃新鲜蔬菜和水果，补充维生素，多喝水以促进代谢，有助于过敏恢复。不要随便给孩子用药或是打针，更不要随便给孩子抹刺激性的药膏。若出现红斑、瘙痒、灼痛等症状，应立即就医。

柜子不能攀爬

如何防止孩子被柜子砸伤？

小朋友不能攀爬抽屉柜、衣柜、书柜等柜子，否则柜子倾倒时会将自己砸伤、压伤。要取物品而自己又够不着时，可以请大人帮忙。大人应检查家中衣柜、书柜、抽屉柜等是否稳固，并将其固定在墙上，抽屉最好有防脱落装置。

被重物砸伤怎么办？

孩子被重物压倒，如刚发生，应立刻将重物抬起，减少伤者被挤压的时间，以免损伤器官。然后检查伤情，并用纱布或手压住流血伤口，情况严重的应及时就医。如被重物压倒时间过长，不能立刻抬起重物，以防休克和内脏出血。挤压综合征具有隐蔽性，必须及时打120急救。

卧室养花要警惕

洛琪起床啦！

洛琪——

来人啊——

先给洛琪进行
人工呼吸。
对不起，洛琪
卧室的绿植是
我搬来的。
记住，以后不
能把绿植搬进
卧室哦！
知道了。

为什么绿植放卧室会使人昏迷？

一般绿植在白天进行光合作用时，吸收二氧化碳，释放出氧气；在晚上不进行光合作用时，则释放二氧化碳，吸收氧气。因此当夜间卧室门窗紧闭时，容易造成人体缺氧，严重时会使人昏迷。绿植花盆的泥土中可能含有大量霉菌，当霉菌飘散在空气中时，将导致人体过敏，出现哮喘、湿疹、皮疹等症状。因此，卧室内不宜摆放数量过多的绿植。

绿植导致昏迷怎么办？

首先应立即开窗通风，并将昏迷者转移至通风环境，然后及时就医。有条件的情况下，可对昏迷者进行人工呼吸。一旦判断昏迷者心跳、呼吸骤停，需要马上进行心肺复苏。

小虫子钻进耳朵，
千万不要掏

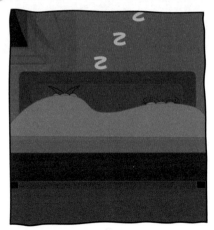

为什么虫子钻进耳朵不能掏？

当小虫子在耳道内爬行时，小朋友自己千万不要用手去乱掏，因为我们的耳道很窄，鼓膜又很薄。当我们不断触动耳道或者耳郭时，小虫子觉得屁股后面有东西在追它，就会一个劲地往耳朵深处钻，钻到鼓膜上，鼓膜就难免受到损伤，严重时会导致鼓膜穿孔。

小虫子钻进耳朵怎么办？

当小虫子进入耳朵时，先向孩子了解情况并稳定孩子情绪。然后让问题耳朵朝上，把温水慢慢倒入耳朵，使小虫子慢慢浮出。这一步需要注意的是，耳膜穿孔者禁用。当以上处理没有效果时，应立即去医院。

遇到蜘蛛要远离

为什么要远离蜘蛛?

大部分蜘蛛都是有毒的，但不太会主动攻击人类。小朋友不要逗弄蜘蛛，因为当蜘蛛感到自己有危险又无法躲避的时候，就会进行攻击。虽然室内蜘蛛对人体没有太大危害，但被蜘蛛咬伤后，我们也要及时处理。

被蜘蛛咬伤怎么办?

当被蜘蛛咬伤后，应立即挤出毒素，然后用碱性水冲洗，再用酒精消毒，预处理完毕后立即就医。

蜈蚣有毒，不能逗弄

哇——

一条很多腿的虫子！

是千足虫吧，不咬人，别怕。

不对，身体扁平，毒钩明显，是蜈蚣。

快赶走！

让我逮住它！

不能用手抓！

为什么不能逗弄蜈蚣?

小朋友不能逗弄蜈蚣,因为蜈蚣有毒液,毒液由毒牙底部的腺体产生。当蜈蚣咬住猎物后,便会快速把毒牙刺入其体内注射毒液。所以逗弄蜈蚣会有生命危险。

被蜈蚣咬伤怎么办?

如果被蜈蚣咬伤了手指,应先用布条系紧手指的近心端,减少血液回流,然后快速挤出毒液,再用碱性水冲洗,并立即就医。

千足虫的体液有毒吗

为什么遇到千足虫要远离？

千足虫也叫马陆，虽然无毒颚，但体节上有臭腺，能分泌一种有毒臭液。当触碰或逗弄它时，它的身体会扭转成螺旋形状，喷出有刺激性气味的毒臭液，以防御敌害。当皮肤沾到这种能引起局部刺激的毒臭液时，可致出现明显的红斑、疱疹。

沾了千足虫的毒臭液怎么办？

皮肤若沾了千足虫的毒性分泌物，一定不要用酒精消毒，应该用大量肥皂水清洗。切忌毒液进入眼睛，若不小心进入眼睛则应立即就医。

被蛐蜒叮咬后怎么办

080

洛琪不要怕！爸爸来保护你！
啊！！大蜘蛛！
爸爸把大蜘蛛打跑啦！
不对！没有被蜘蛛咬伤的伤口！
啊！啊！我被蜘蛛咬啦！
你们看！洛琪耳朵处的伤口有水疱！

为什么遇到蚰蜒要远离？

蚰蜒，古称"草鞋虫"，在我国南方比较常见，喜欢栖息于房屋内外阴湿处。蚰蜒头部有毒腺，能分泌毒液。一旦被蚰蜒刺伤，皮肤会出现红斑、水疱，令人刺痛难忍。如果在家中遇见蚰蜒，可以请爸爸妈妈消灭它们。

被蚰蜒叮咬后怎么办？

被蚰蜒叮咬后，先判断伤情。如果不严重，只是蚰蜒皮炎，则涂抹消炎止痒药或用热毛巾热敷，以缓解肿痛不适的症状。如果情况严重，应用手挤压被咬的位置，以便将毒素排出，然后立即去医院用药物清洗伤口。恢复期间不要用手反复触摸伤口，避免出现感染现象。